混搭：穿出身材好比例的搭配魔法

奈　枸　著

奈　特　摄

電子工業出版社

Publishing House of Electronics Industry

北京 · BEIJING

PART 04
独有凸显比例穿搭法
娇小女孩的自我穿搭风格

PART 05
谁说这些衣服无法穿
打破娇小女孩禁忌穿搭迷思

PART 06
娇小女孩的最爱

娇小女孩也能穿出名模比例！今天起，穿搭不再受限

哈啰，我是奈枸Nego！因为一直很爱打篮球，热爱在篮球场奔跑，也因动作灵敏，因此被队友取了“小猫”这个绰号。开始写博客后就将Nego作为昵称，是日文里“猫咪”的意思，而“奈枸”是音译的中文名！这样要在网络上搜寻我写的相关文章也会方便许多。

因为我的身高是走迷你路线，比起一般女孩们，在挑选衣物上总会遇到许多阻碍。因为之前就对于“穿着搭配”相当感兴趣，每件衣服都有不同的穿搭方式，赋予新的生命力也是我的生活乐趣之一。

向来不服输的我，虽然娇小，却总是在挑战。如何穿搭才能够让比例拉长又显瘦，并且用相机记录生活，在博客中发表日志教学，而这样的日志也让许多网友热烈讨论并引起反响！时常有女孩们在博客上留言，请教我克服各种身材问题的穿搭方法，这才知道，原来有一群娇小女孩们都因为身高而对穿衣服自信心不足！

毕竟如名模般的身材谁不想要呢

不是每个女孩都能够有如此好的天生条件，这时候穿搭X技巧就是我们很棒的瞬间增高术，利用简单原则找出适合自己的穿搭方式，配合服饰就能够让人赞叹你好高、好瘦！

谁说娇小女孩在穿搭上面一定会受限

在穿搭挑选搭配过程中我获得了许多想法，并且将它浓缩于这本书中，里头是奈柯满满的穿搭笔记及穿搭出好比例的心得，而且不断在更新，我将在书中毫无保留地展现穿搭技巧！

大家看完这本书一定能够学习到增高显瘦术，希望一直为身高感到困扰、还有那些对穿搭没有自信的女孩们可以穿出自我风格。穿着需要不断地尝试，是增加自信的第一步，让我们一起享受不受身高拘束的穿搭乐趣吧！

“娇小与好比例”两者兼具

娇小女孩穿搭术

How To Wear

PART 01 娇小女孩穿搭术

什么是娇小女孩?其实只是比较迷你

娇小女孩顾名思义就是体型比较娇小，身形属于迷你类型的女孩。自从身体发育停止以后，我一直维持在150厘米的身高。

因为家族遗传的原因，所以我们家小孩的体型总比别人小一号。我爸常笑说我们是“鸡立鹤群”，常常需要仰头看着别人，也因此我从小穿一般人的衣服总是显得特别宽松，加上以前很热爱宽大的款式，不小心走了好几年的嘻哈风!

Nego
NATURELLE

自从开始写博客后，开始拍摄自己的穿搭同娇小女孩分享，于是让我在穿搭上体验出不同的心得!这次就是要跟大家分享自己在穿搭上遇到的各种问题，以及如何改善，穿出娇小女孩的自我独特风格!

娇小女孩的困扰

在衣物挑选上

每次看网店上的model穿得很好看，自己买回家才发现不是肩膀不合适就是衣服过长，常常发生这样的窘况！就只因为自己身材太过娇小，一般人适用的尺寸到自己身上总是会大一号。

又或者看店家有很好看的衣服，赶紧进入试衣间试穿，却发现像是小孩穿大人衣服般的不合身，害羞得不敢走出试衣间，只能跟好看的衣服说拜拜。

困扰 2

在衣物的搭配上

每次看别人穿得很好看的单品，自己却好像无法驾驭?别人的连衣裙我穿起来却像20世纪80年代复古长裙，而一般的七分裤尺寸对我来说就像长裤一样。而购买正常比例的长裤时，却发现必须修改才合乎自己的腿长。

这样的身高尺寸在搭配衣物上一不小心就会显得矮小，比例上该怎么拿捏?好像有些衣服单品是娇小女孩的禁忌，这辈子似乎都与它们无缘了！

困扰 3

挑选到适合自己的衣物，好像很困难

娇小女孩很容易被身高受限，在选择穿搭单品上似乎都是那几样，穿搭的方式也容易屈就于体型而无法跳脱“身材娇小的人穿搭不好衣服”的旧观念。

只要把握几个小诀窍跟原则和穿搭技巧，娇小女孩也可以穿出好比例并创造长腿的视觉效果！

娇小女孩四大穿衣原则

Fashion Tips

原则1 凸显比例高人一等

“为什么你在照片中看起来身高好像很高呢?”这个问题应该算是我博客中询问度最高的前三名吧！其实我对于穿搭比例这回事是非常计较的！我的身高150厘米，而女孩们逛到我的博客总会抱持着怀疑态度留言：“你真的只有150？”或排“照片中的你看起来好高耶！”今天就要来大公开，为什么我穿搭后看起来如此高挑的小秘诀吧！

首先我非常在意“能露出多少肌肤”。别误会，不是要大家脱光光都不要穿衣服啦!因为我不高，所以一般人适穿的尺寸对我而言总是大了一些，穿起来就像小孩偷穿大人衣服一样的尴尬！整套衣服穿起来的比例看起来就是变矮了。

加上有阵子我很喜欢买日系品牌的单品，不过日本女孩似乎都偏爱宽松款式，对娇小女孩来讲根本就是禁忌品!像下图这件裤子就算是太长，穿起来长度已经到达我的膝盖，使我的腿部只能露出一小截而已，这种穿搭方式我不鼓励。所谓露出肌肤小秘诀，就是尽量多让腿部的肌肤展现出来，可以有效拉长腿部线条比例，创造出让娇小女孩看起来高挑不少的出奇的视觉效果!像刚刚的牛仔短裤真的是长度多了一大截，我们可以选择将它反折露出更多腿部肌肤，这样穿搭比例就会协调一些。不过我更鼓励娇小女孩可以选择热裤系列，像右边这张图就是我最喜欢的穿搭之一。

这样是不是发现整个人的比例都往上提升，鞋子跟衣服都是按照原本的搭配，只是换了条裤子效果却差这么多!这样还能说比例不重要吗?

基本上我喜欢露出大腿一半的肌肤，鞋子部分如果再搭配上高跟鞋就会更加分!

如果穿长裙或长裤也是一样的道理，不过这两种单品则是反向操作哟!女孩们想想，其实穿到要长不长、要短不短的长度才是最尴尬的。

不要将身体分截成太多部分，直接以长裙跟长裤把下半身腿部全遮住，就会让比例调配得刚刚好，但穿中长裙或五分裤则会变成反效果!

连衣裙也是一样的，像上面左图的连衣裙我很喜欢，不过它的长度就是长了那么一点点，已经到达我的膝盖，看起来是不是就感觉不太有精神？而右图我选了比较短版的连衣裙，穿起来长度只有到大腿的一半，露出许多腿部肌肤就让比例拉长许多!照片看起来身高马上有不一样的感觉，其实只是换了件连衣裙而已。

这样大家有发觉比例有多重要了吗？娇小女孩穿搭其实不难，只要掌握住几个秘诀，你也可以穿出160厘米以上的效果!

原则2 斤斤计较你的身高厘米数

许多女孩总是会在博客上问我："奈枸你都穿几厘米的长裙呀？"、"奈枸你选择几厘米的牛仔长裤呢？"不过我穿的厘米数只能当作参考值，毕竟有时候臀围、腰围都会影响一件单品穿起来的感觉。每个人身体有赘肉的地方也不同，这点就蛮奇妙的!相同身高的人穿同件单品却有不同的味道，我想这就是穿搭的乐趣吧（笑）！

首先你该了解自己的身体各部位的厘米数，我觉得娇小女孩对于单品那几厘米的数字更该斤斤计较才对，而不是看到网店上Model穿起来美美的样子，就马上着了魔下订单啦！所以我比较喜欢到店家试穿，穿起来会更准确，更了解适不适合自己的身型。

如果想要买网店的衣服，第一步该做的事就是拿出卷尺测量自己的身体各部位大约几厘米。再来比对网店给出的商品信息，评估是否可以入手才是最重要的。

最简单的就是腰围、肩宽、腿长，都是娇小女孩必须先注意的，商品评估过后发现太大就可以直接Pass，不然买回家就会变成放在衣橱里供奉啊!

再仔细一点就是小腿围、大腿围、臀围跟手臂围，都要详细地比对自己的身型，寻思商品是否适合自己。如果买不合身的商品回家就会变成像第15页里的错误NG穿搭示范一样很糗哟!

网店大都会提供详细商品信息，让买家在购买时可以列入参考，这对娇小女孩还蛮重要的！如果多了解自己身型，就更不容易在网店购物上出错啰!

例如购买短裤时店家可能会提供以下的信息：

（S）全长30/腰围35/臀围46/大腿围26/裤档25/裤管宽28（平量）

（M）全长32/腰围37/臀围48/大腿围28/裤档25.5/裤管宽29（平量）

（以上单位为厘米）

最简单的方式，就是量自己平时穿合身的单品平量尺寸，这样就可以马上跟网店上的商品做比较，清楚知道这项商品适不适合自己。

原则3 修饰身材缺点+展现身材优点才是王道

娇小女孩穿搭除了比例要正确之外，还要清楚自己的身材优劣在哪儿，展现出身体纤细的部位，再利用穿搭方式来修饰有赘肉的地方，就会让整体穿搭看起来既高挑又显瘦！首先我变换下半身的单品让大家感受一下，其实选择不一样的单品穿搭，人的比例跟纤瘦度也会产生出不同的感觉。

TIP

像这种花苞式的窄裙就不适合下半身比较有赘肉的娇小女孩穿搭，它会让臀部更加显露出原本肉肉的曲线，这样就会变得屁股比例特别明显，整个人也高挑不起来!一不小心就让穿搭比例失衡。

KEY POINT

这件的长度蛮适合我的身型，差不多到大腿一半。但是会把肉肉的臀部表现得太明显，这样就失去原本的穿搭初衷。还有如果想要隐藏肉肉的身体部分，建议大家可以选择宽松的款式来穿，不过腰身还是要注意是否合身，这样才不会让裙子往下掉，变成比例重心下移，这样看起来就会显矮了。

例如选择A字裙，反而可以修饰臀部线条!看起来就不会像上一套穿着有裹束的感觉，这样的穿搭除了会让比例显高之外，遮掩臀部肉肉更能展现我所追求瘦又高的视觉效果!

花苞窄裙/网店 MIHARA
包包/东京企划 Saime in Tokyo

KEY POINT

像我上半身比较瘦，所以锁骨蛮明显的!就会故意穿圆领的上衣来凸显这个优势。再如这两套的同件上衣袖子做得有点伞状，也是可以遮掩比较有肉的手臂，来修饰线条。

TIP

上衣除了要有宽松感可以隐藏肉肉之外，也要注意是否合身，这样比例才不会跑掉哟!

裙子/网店 MIHARA

KEY POINT

如果是真的对下半身很没有信心的女孩，也能够用长裙来达到瘦子穿搭法！而且比例也不会变得很奇怪。将上身的衣服扎进裙子内就能展现出腰部的曲线，娇小女孩穿搭衣服最怕没有腰线，无法凸显腰部就容易让比例变得很沉重！

像这件长裙穿起来就马上瘦了几公斤，也能遮住胖胖的双腿，遮掩身材的缺点+展现好比例的优点！

KEY POINT

如果觉得肩膀很宽或手臂肉肉的女孩，也能选择这种有削肩修饰效果的上衣，穿起来会带点小性感，而且也不会让人发现手臂有多余的肥肉（笑）！

KEY POINT

还有我的穿搭小帮手单品就是连体裤啰！连体裤多半都做得有点宽松感，而且遮掩肚子的肉肉还蛮有效的！因为腰部不会做得很合身，所以非常适合来遮掩腰腹多余的赘肉。又可以展现上半身比较纤瘦的感觉，裤长也刚刚好！

穿上一双高跟鞋就能让整个比例很轻盈！

KEY POINT

如果下半身比较胖，不想露腿那该怎么办呢？放心！有长裤款式的连体裤，而且还是黑色的，一穿马上就变成纤瘦的瘦子！而且大家有发现连体裤真的都是宽松款居多，像这件也是宽宽的。不过娇小女孩要注意因为宽松就有可能使比例失衡，所以我会挽起裤管，让裤长符合我的身高，再加上一双有高度的厚底鞋，人的比例就会提升！以及它的腰线也够明显，蛮适合娇小女孩做参考入手的单品之一！

原则4 善用小物视觉增高

除了高跟鞋这项穿搭小心机外，我觉得增高垫也是娇小女孩穿搭的必备品。其实差个几厘米真的会差蛮多的！有时候穿搭线条也会因此有所改变，多露出腿部的部分真的会影响整体穿搭的视觉感。

我自己偏爱的增高垫除了好穿外，也要拿取方便!因为我很爱换鞋子，配合每天不同心情来改变穿着，这已经变成我人生中一件很重要的事情。像白色透明的增高垫是最近入手的，它可以不断地堆叠高度，想要多高就可以多高！而且还附赠黑色的鞋垫，塞好透明垫后还可以在最上层放黑色鞋垫，这样就没有人知道你偷塞增高垫，可说是最高心机的增高小法宝!

蓝色则是我最常用的增高垫，它只有两层而已，我觉得踩着很舒服！不过尴尬的是，只要有人往你鞋里一看，就知道你今天加了几层增高垫!我也是因为这样每次都被老哥发现塞了增高垫，还因此被取笑了一番，各位娇小女孩一定要注意呀！

塞了增高垫究竟有什么不同之处呢？首先我用相同穿搭来表现增高垫好用的地方吧!增高垫都是用在鞋帮高的鞋款居多，我也会加在运动鞋内让腿部有拉长的效果（不过请勿穿着有增高垫的运动鞋去运动，很容易受伤的）。

右边这张图是未使用增高垫，左边这张图是已使用增高垫。

看得出哪里不同吗？其实遮住脚踝的鞋款（例马丁靴、雪地靴等）比较容易让比例缩短，反而会让腿部曲线变得又短又胖！不过增高垫就可以解决这个问题，让娇小女孩也能开心穿着短靴。

像左图的小腿部分是不是显露得更多了？反而有变细拉长的感觉！

试着搭配运动鞋给大家看吧！像运动鞋我会搭配蓝色那组增高垫，把第二层抽掉就不会超过运动鞋的鞋帮高，穿起来就会让腿部的线条拉长，露出较多的小腿比例对娇小女孩很吃香，这样腿就会看起来更细了呢！

其实有些娇小女孩不是不够瘦，而是选择鞋子跟穿搭时常常会受限，反而会无法正确地露出原本的身材比例，这点就十分可惜!不过开始使用增高垫后，就会发现高度差一点点也会感受到腿部奇妙的变化。我说增高垫这玩意真的是让人又爱又恨的呀!平时加在鞋子内配合穿搭就会觉得自己脚变细，但不小心被别人发现偷塞时就会觉得好害羞。不过塞增高垫真的会让腿部露出的比例线条更美，娇小女孩们可以尝试看看！

不能没有这些单品

娇小女孩衣橱里的必备款

Must Have Item

娇小女孩衣橱里的必备款——衬衫

PART 03 衬衫×(?)

我觉得衬衫是真正能展现女生性感的单品之一，有段时间我非常喜爱衬衫!因为它的搭配性相当宽泛，可以随性穿搭，就算是正式穿搭也很适合!而且衬衫的款式越来越多变，也不仅是中规中矩的款式，现在改良式的衬衫非常多样化!甚至出现铆钉、蕾丝、雪纺，各种不同的材质与风格的衬衫。

我觉得不只是娇小女孩，认真来说，应该是每个女孩的衣橱都应该少不了一两件衬衫，毕竟它的实穿性跟搭配度真的很高! 现在就翻开你的衣橱看看有没有衬衫这项单品，赶快拿出来跟我一起玩穿搭吧!

KEY POINT

黑色衬衫

讲到衬衫往往就是黑白两色基本款，不过近几年衬衫的设计变得很多样化，穿起来也不似以往看起来很正式的材质!多几分女人味的雪纺衬衫则相当对我的胃口，不但穿起来轻盈，也可以随意拉出下摆或扎进裤子里，或者打个结也非常好看。能强调出腰身是娇小女孩挑选衬衫必须要遵守的法则喔!

加上西装外套

修饰腿型

如果担心穿合身的牛仔裤因衬衫的下摆扎进去好像有点显胖，那就穿上一件西装外套来修饰宽宽圆滚的屁股吧!刚好遮住屁股的长度就会让整体穿搭看起来很加分，不过记得西装外套要挑选稍微有腰身的才不会弄巧成拙喔!

TIP

有腰身的西装外套也是娇小女孩首选。

KEY POINT

白色雪纺衬衫

再来就是白色款式的雪纺衬衫了。我觉得衬衫一定要入手的原因是因为它单穿再加上牛仔裤就会看起来很有质感。我身上的白衬衫也不贵，性价比值相当高!且随意穿搭就很有型，如果觉得衬衫下摆有点长而显得尴尬，就可以像右图一样随意打个结，腿马上有拉长的效果，在照片里看起来就会觉得比例很高挑!这个小窍门娇小女孩可以偷偷学起来喔（笑）!

TIP

衬衫下摆太长可以选择扎进裤子内或者打结，简易又有型!

NG

KEY POINT

多色系衬衫

如果觉得前面介绍的衬衫好像有些难驾驭，可以试穿其他色彩的衬衫。

像这件鹅黄色的衬衫也很不赖，在夏天穿搭会让整个人都舒爽起来。

不会让人感觉很正式和沉重，袖子也可以挽起来，这样也会让一件衬衫穿搭起来不会那么呆板!

多色系的衬衫打破了原本穿着正式衬衫的旧观念，领口微微打开，露出里面的项链饰品就会让整体穿搭更加分。随便搭配牛仔裤或小短裙就可以马上出门约会啰!

TIP

这件鹅黄色衬衫的设计是有小巧思的，它的下摆不需要扎进裤子内，因为它有弹性松紧，只要稍微往里窝个边就能拉高整体比例，而且很随性地就可以将衬衫穿好，省下不少调整的功夫，非常方便!

KEY POINT

这里介绍的也是类似刚刚介绍到的衬衫款式，不过它下摆没有做松紧，但也属于懒人衬衫，就是可以直接套头穿上，里面加件小吊带，而不需要费时地扣纽扣!我将下摆随意在侧边打个结，这样也不需要扎进裙子内就能让腰身视觉往上提升！整个人的腰线一旦拉高就会给人高挑的视觉效果，感觉好像腿还蛮长的，这样就达到娇小女孩障眼法的目的啦!

颜色也一样选择清爽的色调，感觉裸粉色还蛮衬肤色的呢!

TIP

强调腰部曲线，或者偷偷把衣服往上拉几厘米做出高腰感!都会产生高挑的视觉感喔!

娇小女孩衣橱里的必备款——牛仔裤

PART 03 牛仔裤

牛仔裤真的是我这辈子最没办法缺少的穿搭单品！我一直都很热衷于买牛仔裤，而穿上牛仔裤婀娜多姿的样子真的是女孩们最性感的时刻！牛仔裤可以修饰身材线条，甚至拉长双腿比例让下半身更显瘦。最棒的是怎么搭都不会出错，是搭配度最高的一项必入手的穿搭单品！想要穿得很休闲或者气质优雅，都可以用牛仔裤简单完成。我觉得有些单品真的就是默默耕耘型的角色，它不会特别抢眼或出尽风头，但它就是能够配合一些单品，扮演着“衬托”的角色，让整体穿搭更加分！不过这种默默型单品并不会特别得到大家的厚爱。让大家疯狂入手的可能是那些当下流行性很强的单品，但相对来说它的退热速度也很快！

购物前注意

我觉得娇小女孩可以在入手购买衣物前仔细思考，这件单品大约可以穿多久？多年后穿出门会不会感觉别扭？当然，如果你只是想要追求此刻穿上流行的快感，那也是可以的。其实我只是想要跟大家强调牛仔裤风潮已经盛行很久，甚至有屹立不倒的地位。我的衣物中，光是牛仔裤就挤满了整个衣橱，而它的颜色、“猫须”、漂白都可以影响每条牛仔裤的风格喔！

湖水绿波士顿包/东京企划 Saime in Tokyo

咖啡色书包/东京企划 Saime in Tokyo

TIP 一般的牛仔裤几乎都需要修改过才能符合娇小女孩的身型。

KEY POINT

紧身牛仔裤

我最常搭配牛仔裤的造型就是穿上紧身管牛仔裤×平底鞋！可以选择明亮色调的平底鞋跟牛仔裤做搭配！在本书第125页也会提到，我喜欢穿露脚踝和脚背，因为这样就会让脚有拉长的视觉延伸。这条牛仔裤是韩版的牛仔裤且颜色较特别，我特别推荐娇小女孩选择韩版的牛仔裤，因为它们的版型都偏小，非常适合娇小女孩来做搭配。而且长度稍微修改一下或者挽起牛仔裤裤管也会有多变的风格！这条的颜色我非常喜欢，很鲜明的宝蓝色穿起来很有复古味道！像这套穿搭是采用亮色系搭配，关注度一下就大大提升呢！

TIP

在挑选牛仔裤的时候，漂白部分一定要特别注意，要是网店购物则要小心model的身高是不是与自己有点落差，或许刚好到她大腿的漂白部分，而娇小女孩穿起来可能落在膝盖，这可能就与自己想象中的风格有落差喔！一定要多注意!

KEY POINT

深色系牛仔裤

在牛仔裤的挑选上，我推荐选择深色系的款式，因为穿起来显瘦是重点!例如这条牛仔裤原本是九分裤，但穿在我身上就变成一般的牛仔裤长度。娇小女孩挑选牛仔裤不要排斥七分到九分的长裤，这样长度就不需要再另外改!我众多牛仔裤里最爱的就是这件了，它穿起来非常显瘦，再来就是会让臀部很紧致、很翘!

这条裤子的大腿旁侧的裤线是整个往内修饰，大家在购买牛仔裤时可以看它的侧边缝线，就可以大约知道这条牛仔裤是不是很合身啰!选牛仔裤最棒的状况就是刚好腰跟臀部都贴合，如果臀部很紧，腰却很松就out！这条漂色很美，当初我就是喜欢它这种不是很愣白的漂洗色，漂洗的范围如果刚刚好就会很加分。像上图这套就选择搭配雪纺蕾丝上衣跟玛莉珍高跟鞋来做穿搭，裤管稍微卷起展现随性风格，也不会挤压到高跟鞋的绑带! 看起来更加利落。

KEY POINT

男友版牛仔裤

谁说娇小女孩没办法穿男友版牛仔裤呢？一般的男友版牛仔裤或许真的不适合，松垮又大件，穿起来就一直拼命往下掉!我也觉得娇小女孩要找到一件适合自己的男友版牛仔裤是有一定的难度的，所以我选择了一条直筒裤却意外穿出男友版牛仔裤的宽松感觉，而且它的腰围竟然还刚刚好!当下拿到真的是超开心。像这种直筒裤就不适合搭配平底鞋或运动鞋，会非常、非常、非常地显矮!

一定要搭配有跟的鞋子，像左图这套我就搭配低跟的木屐鞋来让比例更棒！如果比较有赘肉的女孩，觉得穿紧身裤贴身很别扭，也可选择这种有小小修饰曲线的直筒裤，这样穿起来可以遮掩到肉肉的部分，又可以强调自己比较有线条的部位。我搭配了小碎花短版上衣来让腰身视觉往上提，就会让人看起来更加修长哟!

TIP

男友版牛仔裤对于身高真的是很挑剔，所以大家在选择这类型的裤子时一定要非常注意！别人适合的版型你不一定适合喔!要多试穿或在网店上比对尺寸才是最聪明的消费法!

娇小女孩衣橱里的必备款——牛仔衬衫

PART 03 牛仔衬衫 × (?)

关于牛仔衬衫，在我心中一直算是经典款之一，休闲打扮一定少不了它。像这次要介绍的类型就分成两种最基本的：

1. 偏宽松，也就是所谓的男款牛仔衬衫（宽宽大大的感觉）
2. 合身，版型较小的牛仔衬衫（常见的衬衫款式）

我觉得牛仔衬衫可以带出女孩不同的韵味，同时也是穿搭的基本款!所以把它归类在衣橱里的必备款，怎么随意穿搭都好看。当然如果挑选较为宽松的男款牛仔衬衫，最应注意的地方就是所谓的衣长。以娇小个子女孩来说，长版跟宽松就是死穴，如何从中穿出自己的好比例是千万不能忽视的。若为一般的牛仔衬衫则要注意肩宽、袖长，以及腰身部分就行了!

KEY POINT

男款牛仔衬衫

我喜欢将牛仔衬衫当成外套来做穿搭，只要它的衣长不要过长，基本上就不会显得比例短，当然肩线部分也不要在肩膀以下太多，毕竟男友衬衫就是宽松感，但太肥就会感觉像是小孩穿大人衣。

TIP

娇小女孩对于衣服长度的厘米数应该更斤斤计较。

KEY POINT

如果里头穿着合身的上衣及短裤，男款牛仔衬衫则可带出另一种女生性感，袖子一定要挽起来大约5～7厘米长，才不会显得太过厚重。配合男款牛仔衬衫的长度，我搭配了丝巾，就不会觉得太过休闲。

KEY POINT

如果要把男款牛仔衬衫全扣紧单穿，建议娇小女孩将下摆扎进裤子内，展现出更多腿部的比例，感觉会更简单利落。

KEY POINT

宽松男款牛仔衬衫也能随意打个结，创造出不同的穿搭风格。这样一来也不用担心下摆过长而缩短比例，这样帅气穿搭就可以出门了！

KEY POINT

谁说牛仔衬衫只能搭配休闲风格呢?娇小女孩一样也可以很甜美!

穿雪纺上衣跟小短裙，配上男款牛仔衬衫也有随性的优雅氛围。

TIP

在穿男款牛仔衬衫时，记得多露出腿的比例，不管上衣内扎或者穿长版上衣搭配，都不要让衬衫的衣长超过内搭衣服的长度，这对娇小女孩来讲就过长了呦!

KEY POINT

搭配连衣裙也是不错的方式（里面为one piece），或当外套穿搭就有美式、率性的感觉。男款牛仔衬衫不会让整体太过甜美，反而是可以凸显个人特色的单品。袖子跟里头穿的连衣裙长度也要稍微注意一下，才不会在视觉上有变矮、变沉重的感觉!

注意连衣裙长度!

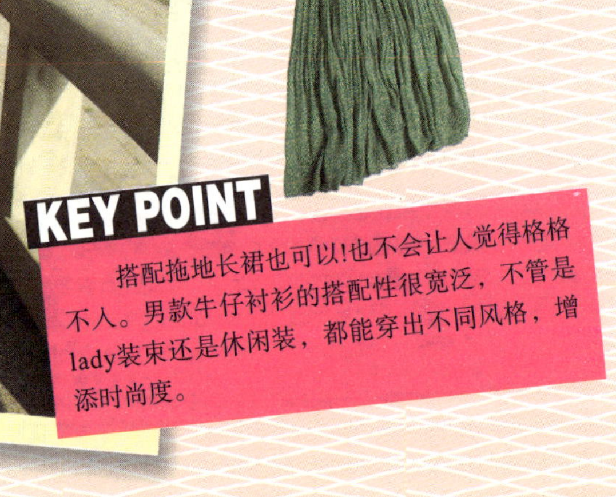

KEY POINT

搭配拖地长裙也可以!也不会让人觉得格格不入。男款牛仔衬衫的搭配性很宽泛，不管是lady装束还是休闲装，都能穿出不同风格，增添时尚度。

如果是合身窄版的牛仔衬衫，我喜欢挑选合肩又收腰的款式，穿起来才会刚刚好，不会觉得版型宽大，因为一宽大就觉得人看起来稍微矮小！而版型合身的衣服也会让人显得比较有精神!

KEY POINT

这套故意搭配较短版的英文图案针织上衣，让牛仔衬衫下摆微微露出，创造出不同的层次穿搭韵味，因为里面的牛仔衬衫是合身款式，所以就算露出下摆也不会觉得太长而感觉比例变短。

搭配民族风格针织外套，再加上红色小短袜，就像日本街头的女孩风格。

KEY POINT

如果觉得搭配牛仔衬衫会过于乖巧，则可选择搭配强烈吸引眼球的个性单品，例如豹纹类的单品就可以跟牛仔衬衫取得一个平衡点，让穿搭更有个人特色！

TIP

其实牛仔衬衫的搭配风格非常多变，也是每个女孩必买的单品之一，任意穿搭就能表现出正式与休闲的风格!可以斟酌后决定要入手宽版，还是合身版的款式，混搭穿也不错呦!

KEY POINT

衬衫最怕就是穿得太过正式，怎样才能穿出甜美可爱或者休闲有型?

基本的穿搭款式就是内搭在针织上衣里露出领子，就会有日系的穿搭风格。我个人很喜好这种穿搭方式，感觉多层次又不会觉得比例上缩短，变得很臃肿。

外面搭配的上衣也能选择不同图案的款式来搭配牛仔衬衫，更彰显出自己想要表现出的不同风格！像这件我选择了蕾丝针织，加上牛仔衬衫原本的中性风格，更带出了女孩子的帅性气质!

娇小女孩衣橱里的必备款——皮夹克

PART 03 皮夹克 × (?)

说到衣橱里的必备款，怎能少了皮夹克呢？皮夹克真的是女孩从小穿到大的单品，我曾看过五岁小女孩穿着小皮夹克，给人的感觉真的很独特！穿上它就像摇滚明星一样，整个人的气势都显出来了！皮夹克真的是老少咸宜！

KEY POINT

棕色皮夹克

首先介绍的是棕色皮夹克，像这种翻领式的经典款皮夹克真的怎么搭配都很好看，我认为像是这种单品的基本款就非常值得投资！因为它除了不会淘汰外，且每年都流行！我很爱皮夹克搭配连衣裙这种帅气×甜美的反差，反而会激荡出不同的穿搭火花，凸显各自的特色。让人发现皮衣不只帅气而已，还能衬托出蕾丝连衣裙的浪漫风情。

TIP

棕色穿起来没有黑色那么强烈，反而多了种和谐稳重的感觉，咖啡色真的很好搭!第一次尝试皮衣穿搭的女孩倒是可以选择棕色，虽然穿起来没有黑色那么有个性，反而带点甜美感！

棕色皮衣/网店 MIHARA

KEY POINT

连帽皮夹克

一开始在尝试穿皮夹克时，我选择了这种亮面的连帽皮夹克，穿起来有皮夹克的帅气感，又有运动休闲的风格，不会给人一般皮夹克太过强势的印象。我很喜欢这种亮皮的材质，它穿起来很软又合身，蛮符合我的身高。皮衣的防风效果都很棒，所以里头的衣服也不需要穿太厚，不然就会变得上半身很壮喔！

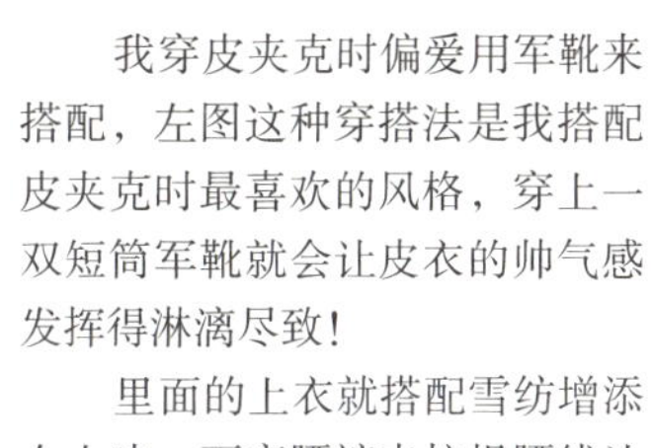

KEY POINT

我穿皮夹克时偏爱用军靴来搭配，左图这种穿搭法是我搭配皮夹克时最喜欢的风格，穿上一双短筒军靴就会让皮衣的帅气感发挥得淋漓尽致！

里面的上衣就搭配雪纺增添女人味，而高腰裤来拉提腰线让比例往上提。当然娇小女孩如果担心短筒军靴会遮住小腿比例，一定少不了增高垫。这里可以参考第14页的小教学噢！

包包/东京企划 Saime in Tokyo

骑士皮夹克

穿搭皮衣时我觉得搭配牛仔裤跟高跟鞋也是很棒的组合!骑士风格皮衣是经典款，也是一开始必入手的皮衣初阶款。我选择偏合身的尺寸，穿起来就让人感觉上半身很瘦，而皮衣让人着迷的地方就是材质很软但穿起来又硬挺的帅气感!

喜欢这件脖领上的扣环，随意松开就很有个性。

TIP

骑士皮夹克×紧身管牛仔裤×高跟鞋是最正统的搭配方式，也是最能展现皮夹克帅气风格的本质。若选择穿狂野的豹纹高跟鞋可增加双腿的视觉高度，让你瞬间变成帅气版的长腿姐姐!

骑士皮夹克
×
紧身牛仔裤
MERIDA

PART 03 打底裤 × (?)

说到娇小女孩的穿搭独门秘诀，打底裤绝对是扮演着关键的单品角色！它可以修饰我们的下半身曲线，甚至当娇小女孩穿较长版的上衣时（但对一般人来说是正常长度），它的长度位置处于一个很尴尬的部分，就可以用打底裤来解决这个窘况！现在的打底裤款式的选择相当多，如果怕露出臀部弧线太明显很尴尬，也可选择有口袋设计的打底裤，穿起来就跟一般牛仔裤设计很像呢！

Rivière
UN FILM DE
ROBERT REDFORD

KEY POINT

补丁打底裤

赶快来跟大家示范打底裤穿搭吧！

首先介绍到的是这种补丁打底裤，我喜欢这款穿起来紧束的感觉，它很能修饰小腿线条，让人看起来高挑纤细不少！而且它的颜色偏向卡其色，因此可以搭配一些比较亮色系的衣服或外套，让整体穿搭更吸引眼球！

KEY POINT

我喜欢打底裤的裤长差不多到脚踝以上一点点，露出脚踝就不会觉得整体穿搭很沉重，也会感觉比较轻盈一些！

再配上平底鞋或运动鞋、高跟鞋都可以，都会让身高比例看起来很完美！它的补丁设计也可以转移别人对我们身高的注目，算是有加强的效果啰！

KEY POINT

黑色打底裤

如果你是个性害羞的女孩，不太敢尝试太过前卫的打底裤，那黑色经典款式可不要错过了！我觉得黑色打底裤应该算是全民女孩款，大家应该多少都买过打底裤来混合自己的穿搭，毕竟它真的很好搭！一件长版T恤或连衣裙都可以跟它激荡出不同的风格火花，所以快快找寻适合自己的打底裤吧！

TIP

太长的上衣也可以学我用绳子绑起来加强腰身，用腰封、皮带也是很不错的选择！

KEY POINT

正如我前面介绍到的，如果发现一般的上衣长度对娇小女孩身高来说刚好停留在一个很尴尬的位置，一弯腰不小心就露内裤就真的让人出丑了，而打底裤就可以解决娇小女孩这个问题！黑色打底裤不管搭配什么色调的上衣都好看，重点是：它会让你看起来很显瘦，一旦腿细，身材比例就会显得较好！别人会对你的穿搭比例产生一种错觉——似乎看起来还颇高的呢！

CoC

荧光饱和色系打底裤

近几年也流行起这种饱和荧光色的打底裤，穿起来整个人也会清爽不少！色调不沉重，人看起来就会显得比较轻盈！

我觉得颜色搭配得适宜，也会让整体穿搭看起来效果完全不同。这种荧光色打底裤也可以搭配比较抢眼型的单品，例如：豹纹或者对比色。

TIP

不过我觉得这种饱和色打底裤的好处就是，它不管搭配白色或黑色一件式长版上衣都特别好看，简单穿搭就可以立即出门！不需要再多做额外的颜色搭配，配上项链、手饰就能展现独特的浓厚个人风格。

打底裤已经是娇小女孩的必入手单品款式，想要多变化可以再从颜色和设计上做转换，会让人有耳目一新的感受！

PARIS

独有凸显比例穿搭法

娇小女孩的自我穿搭风格

Style Lesson

我觉得自己的穿搭观念一直都坚持着要有好比例的视觉效果！

这对娇小女孩来说真的非常重要，要怎么穿才会让人感觉你的穿着不受限于娇小，其实这些都是有小窍门跟秘诀的！这个章节要介绍的是短裙系列，大家应该都有机会穿到短裙，现在来分享五种不同款式的短裙与穿搭介绍吧！

TIP

如果娇小女孩想要穿包臀裙，可以把上身的衣服下摆扎进裙子内，创造出高腰的感觉。（比正常的腰线再往上一点点，这样会让人觉得你的腿很长呢！）

KEY POINT

包臀裙

包臀裙绝对是展现女人魅力的一项强悍单品之一，也可以当作内搭，例如穿一件长版上衣+包臀裙就非常正点！

我喜欢黑色包臀裙，正因为是基本款的颜色，所以可以穿出随性感跟正式感间的差异，像这套穿搭总体感觉是比较正式的风格，再随手拿个手袋就可以出门啰！

KEY POINT

前短后长的裙子

如果一般的短裙吸引不了你的注意，或想要换新鲜一点的穿搭风格，也可以尝试这种前短后长的裙子，它会让短裙穿搭更跳脱一些拘束感，柔美中带着个性风，短裙跟长裙的穿搭不再是一成不变。

KEY POINT

这项单品穿起来会让整体穿搭变得更活泼，而且裙子的长度也很适合我的身高比例，不会显得太长、太过沉重！

花苞短裙

好可爱的短裙单品，我觉得它微宽的设计可以遮掩屁股的肉肉。上衣搭配露肩的裸粉色款式，穿起来更衬肤色外，也让视觉效果转移到肩膀，露出一点肩膀会有显瘦的效果喔，也不会让人一直把焦点放在身高上，算是诈敌作战计划吧！（欺瞒成功！）

我也是把这件短裙穿成高腰感，因为它的特色就是在于下摆有小圆弧，会修饰到大腿！也因为不会太过紧身，就不会容易挤压赘肉，穿宽松适宜的裙子（腰的位置刚刚好喔！），就可以修饰臀部跟大腿连接的一些肉肉，反而更显瘦呢！

水蓝色花苞裙/网店 MIHARA

KEY POINT

邻家女孩百褶短裙

挑选短裙时更是不能少此项单品，轻轻摇曳整齐的裙褶，会给人非常有精神的感觉!短裙让我觉得好搭配的原因在于它不管当内搭还是直接将上衣扎进裙子内，都会给人耳目一新的感觉！意思就是有两种穿搭法，所以这样的单品是真的不能少。

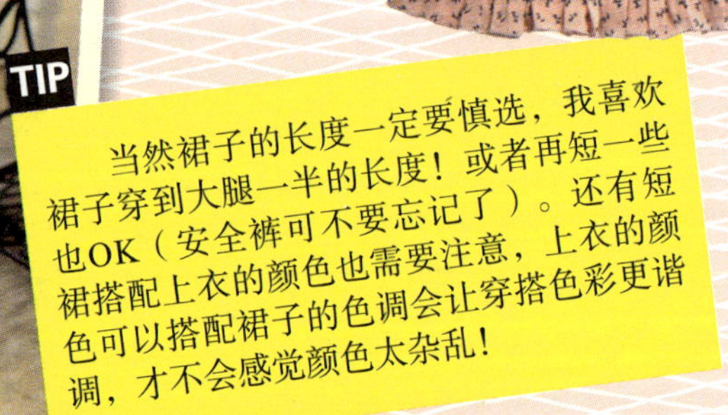

TIP

当然裙子的长度一定要慎选，我喜欢裙子穿到大腿一半的长度！或者再短一些也OK（安全裤可不要忘记了）。还有短裙搭配上衣的颜色也需要注意，上衣的颜色可以搭配裙子的色调会让穿搭色彩更谐调，才不会感觉颜色太杂乱！

花边雪纺上衣跟短裙/网店 MIHARA

KEY POINT

碎花短裙

短裙介绍怎能少了碎花款式呢！小碎花不适合搭配太多又太杂的颜色上衣，所以我用清新好搭配的白色来衬托它的缤纷感。因为花裙算是很抢眼的一样单品，在搭配这类吸引眼球的单品时，用简单的色调来搭配就不易出错！还能更凸显此件单品的特色！

KEY POINT

我觉得娇小女孩在挑选下半身单品时，真的要注意“是否合身”这个关键，不合身的东西穿起来不但无法显现身材的优点，反而会暴露出缺点在哪儿。而且越是宽松不合身的单品大都会有显胖、显矮的效果，比例不正确根本就是NG啊！所以网购时一定要认真比较过长度，并拿出自己平时穿的衣物对照一下。如果在店面购买就更棒了，可以实际试穿后买到更适合自己的短裙喔！

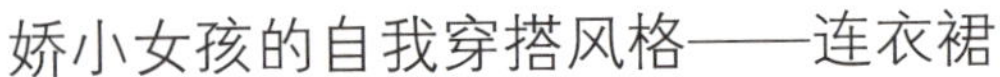

说到凸显女孩美丽气质的穿搭单品怎么能少了连衣裙呢？我在挑选连衣裙时，都会拿起来大致比对一下衣服和自己的身高与肩宽，就可以知道这件连衣裙适不适合自己了！现在人都依赖网络，但我认为女孩们首要要了解自己的身材，这样才能在网购上如鱼得水呀！不然在网络上看到网店“麻豆”穿起来很漂亮又高挑，而穿在自己身上有点小失败，不就很伤心又浪费钱吗？如果想要网购又怕买回来不合身，也是有小诀窍的，在逛街时到店家看到一模一样的单品时先试穿，然后回家上网搜索，可以比价，还可以看看是否还有其他颜色和款式，就能买到相同的单品啰！

咖啡色书包/东京企划 Saime in tokyo

KEY POINT

日系连衣裙

首先我要介绍的是我很喜欢的一件日系连衣裙，这件连衣裙穿起来的长度是不是刚刚好！

如果衣长不合身，却硬是想着可以修改也不好，尤其是连衣裙修改还有可能要冒着会变形的风险，那真的是强迫自己买下了一件不适合自己穿的单品！而此页的连衣裙很特别，就是它胸前做了个蕾丝小区块，你们看左图照片是不是觉得我的腰线往上提了。

KEY POINT

连衣裙长度维持在膝上

这也是一种增高欺瞒术，让人误以为你挺高的呢！穿起来后，在膝盖上的长度也让我有多一点露出腿的机会，显示出腿被拉长的视觉效果，再搭配高跟鞋，整个人的比例就瞬间拉高！

蕾丝连衣裙

再看这套是蕾丝系列的连衣裙，我很喜欢蕾丝的元素，它可以凸显女孩的浪漫和温柔气质！你们也会发现这件连衣裙的长度也是差不多到大腿一半！连衣裙的重点是一定要有腰身或像上一件连衣裙有做障眼法的腰线，这样穿起来才不会暴露缺点！而且连衣裙如果是弹性腰身是最棒的，穿起来会很合身又不会不舒服。

蕾丝绑带连衣裙/网店 MIHARA

KEY POINT

设计感连衣裙

可以挑选具有设计感的款式，像这件连衣裙的领口绑带很可爱，是小蕾丝花边的设计，剪裁大方利落，而裙襬处就像是花苞一样，在大腿部分有倒V收缩的设计，若隐若现的感觉相当性感，而且会让整个腿部线条更往上延伸，有强烈拉长的效果!再加上连衣裙是不单调的黑色，更让人看起来瘦了好几公斤。

TIP

配上手提包包就会很适合出席重要场合，连衣裙真的是正式场合的最佳穿着之一!

花苞连衣裙/网店MIHARA
手提包包/东京企划 Saime in Tokyo

KEY POINT
格纹连衣裙
异国风情的格纹连衣裙，这件穿起来版型很硬挺!建议娇小女孩在挑选单品时可以考虑它的材质是否硬挺，穿起来才会显得精神利落，让这件衣服的气质和质感大大提升，变得不同!
这件有设计松紧腰，不过我利用了点小巧思，搭配一条细的红色腰带去点缀一下这件颜色较深的连衣裙，让整体的穿搭风格更加跳脱出来。
皮带
点缀
整体感
up
TIP
穿搭后腰线更加明显，整个曲线更动人!
这套连衣裙散发出复古风格，所以我选择搭配公文包型的皮革方包，让咖啡色调的连衣裙更有originals的味道!

KEY POINT

缩腰连衣裙

如果在挑选连衣裙上有很大的困扰，不妨选择这种强调腰部的连衣裙！穿起来可以修饰腰又能让比例再往上拉升，创造出长腿的效果！所以近年来很流行高腰款式的裤子和裙子，都是要让腿的比例拉长，让人有高挑腿长的感觉！我觉得很适合娇小女孩！

KEY POINT

像我前面提到的，如果选到又长又宽松的衣服怎么办?如果手边没有皮带或宽版装饰腰带，我觉得绳子也是不错的选择！像这套条纹连衣裙对我讲来说又宽又大，顺手拿另一件连衣裙的绳子绑在腰部创造腰身，就能让整体穿搭比例更加确切。

只要比例调整好，都可以改变一件连衣裙原本的感觉喔!

PART 04 高腰裤

×

(?)

在穿搭搭配的单品中，高腰裤一直都是我喜爱的单品!因为穿起来腰线会提高，所以视觉效果看起来人会更纤长。我自己偏爱将上衣扎进裤子强调腰线，款式很多且搭配性也宽泛！这次就分享几件我自己特别钟爱的四个款式。

KEY POINT

高腰长裤

我觉得高腰长裤很不错，穿起来整个人看起来更显高!

而且它的颜色是偏牛仔布的本色，这款颜色的牛仔裤穿起来很有元气，搭配起来也很亮眼，穿在身上绝对是抢眼的一项单品! 不过合身高腰裤对于容易胖肚子和骨盆宽的女孩来说，可能就不是那么适合，在挑选上要注意一下这点。

KEY POINT

我有时候会把它当作一般牛仔裤搭配，或像上图这样，直接把上衣扎进高腰内，穿起来就很简单利落!可以做多种的搭配，建议女孩们入手啰。

手提包包/东京企划 Saime in Tokyo

TIP

高腰裤要选择合身款才会有身高视觉拉高的效果。

KEY POINT

绑带款高腰裤

高腰裤除了纽扣款，也少不了这种绑带款式!穿起来特别俏皮可爱。我都会直接搭配雪纺或T恤，穿起来便会很随性休闲!搭配平底鞋或高跟鞋就会很好看。

此件单品并不是要直接解开绑带才可以穿脱，侧边有个拉链，拉开就可以了。我很喜欢它的浅色调，不管搭配什么样类型的上衣都很适合!

上衣/网店MIHARA

包包/东京企划 Saime in Tokyo

T恤
×
高腰短裤

TIP

高腰裤的设计在视觉上会让腰线往上，大部分的高腰短裤的裤长也不会太长，所以更可以露出双腿。露出越多腿部肌肤，对于娇小女孩身高显现比例是非常具有优势的！

KEY POINT

搭配T恤

以上示范了雪纺、背心×高腰裤的穿搭，现在就拿T恤来为大家做示范，瞧瞧高腰裤有多么百搭！如果觉得浅色高腰裤似乎很显胖，那还有深色高腰裤的选择，穿起来更加显瘦!搭配长版上衣，将下摆扎进了高腰就是一套很利落大方的穿搭，露出双腿会给人很修长的印象。

上衣/网店MIHARA
桌上的包包/东京企划 Saime in Tokyo

KEY POINT

排扣高腰裤

像下图介绍的这种排扣高腰裤也很好看！这条穿起来非常合身，也会让身材看起来显瘦。浅水蓝色调很适合夏天穿着，它会为炎热的季节带来清凉的视觉消暑效果，搭配一件小背心或碎花上衣就会衬托出凉爽感！高腰裤独特的魅力就是创造出腰线效果，所以图片中的我看起来好像都蛮高的呢!

TIP 对于娇小女孩，再也没有比露出双腿更重要的事了！

包包/东京企划 Saime in Tokyo

娇小女孩的自我穿搭风格——条纹衫

PART 04 条纹衫 × (?)

条纹衫真的是每个女孩都一定要入手的必备单品之一，而且它永不会被淘汰！它是可以穿得很柔美也可以很性格的单品，这种简约风的搭配性就很高，怎么搭都好看，也不容易出错！

接着为大家示范几套穿搭，像这件上衣有着公主袖的设计，穿起来比较小女人，不会太man，也可以把胖胖的手臂藏起来，有良好的修饰效果。

当初买它是因为试穿后觉得惊为天人，虽然很平凡无奇的条纹，却穿起来那么好看。我都用它来穿出日系风格居多，因本人穿搭偏好日系风格！虽然近期是爱上韩风那种合身版型小的剪裁，倒是满适合娇小女孩做穿搭单品挑选的风格！

KEY POINT

条纹衫×高腰裤

首先是搭配高腰裤，选择水蓝色的款式跟上身蓝色条纹，做颜色的上下呼应！

还是要将条纹衫扎进裤子内显现腰身，然后穿上百搭的黑色玛莉珍鞋让整体穿搭色调更谐调，这次故意加上一条大项链让穿搭更凸显个人风格！

TIP

手拿深蓝色的钱夹当手袋，就能够点缀整体穿搭！
这样的简单穿搭，拿着手袋马上就可以出门了！

皮夹/东京企划 Saime in Tokyo

TIP

条纹衫跟任何单品搭配都不容易出错，色彩搭配得好也会让穿搭看起来舒服，也更甜美！

KEY POINT

条纹衫×糖果色短裙

如果想要尝试甜美风格呢？可以搭配一件糖果色的小短裙，加上缤纷色彩的包包就有夏日微甜的风格，颜色也不会太过强烈！因为条纹上衣调和了这些亮色系的色调，整体穿搭看起来舒服且自在！

短裙/网店MIHARA

KEY POINT

条纹衫×针织外套

如果发现天气微凉了要怎么搭配条纹衫呢？其实针织外套是不错的选择！我自己就有将近十件以上的针织外套，每次想要防紫外线或微凉的天气时就会搭配这种针织外套，除了很好搭配外，市面上的颜色选择也超多，可以一次打包回家放在家里随着穿搭改变颜色！

像这样搭配条纹上衣就很舒服，颜色清爽也会为炎热的天气更添增一分凉意呢！

KEY POINT

条纹衫×冬日外套

另外，冬日该如何穿搭呢?我自己很喜欢在冬天穿牛角外套或排扣外套等，这些外套除了每年都可以继续穿之外，穿搭上也会加不少分数!

搭配之前介绍过的牛仔衬衫上衣做出层次感，然后搭配长裙添加柔美的风格元素。

KEY POINT

因为长裙是裸色，所以大衣外套我选择更亮眼的红色。让全身的颜色更丰富也更协调，穿起来就会很好看!

这样是不是发现其实条纹衫出乎意料的好搭配呢?娇小女孩可不要错过这款好搭型的单品，因为它实在是怎么搭都好看！而且想要穿得很小女人或是走中性路线都很适合！当然我自己的条纹衫数量也不少。

娇小女孩的自我穿搭风格——鞋子

PART 04 鞋子

这个章节是要跟大家介绍各种鞋款!我喜欢尝试不同类型的鞋子，配合自己喜欢的风格做搭配!

娇小女孩也不一定只能挑选高跟鞋，后面也会介绍到平底鞋、坡跟鞋、厚底鞋等，其实都可以推荐给不太会穿高跟鞋的女孩作为参考。娇小女孩可以靠鞋子带出比例线条，让整体穿搭更美、更好看!

KEY POINT

高跟鞋

先来介绍高跟鞋吧！我自己很喜欢挑选粗跟的高跟鞋，穿起来就是好走又安全!我挑选高跟不太介意跟高几厘米，当然是希望越高越好啰!所以一双鞋的好穿度就非常重要了。除了鞋跟高度之外，还有前面的防水台也要够高，这样脚趾才不会拼命往前冲，不然就会很不舒服。我很喜欢脚踝绑带系扣的高跟鞋，因为这样穿起来好性感。

KEY POINT

玛莉珍鞋

我很喜欢这双玛莉珍鞋，它怎么搭配都好看!也是我这本书中最常曝光的一项单品，因为它真的超级好搭!不管是搭配女孩风或个性风，我总会运用它来作为平衡整体穿搭的支点。每次当苦恼鞋款如何搭配上身衣着时，第一个想到的鞋款总是它!它算是我鞋款系列里的经典款，之前也在网络日志中介绍过，就知道我多爱它了。

包包/东京企划 Saime in Tokyo

露趾凉鞋

夏天总是要缤纷一下，露出涂上指甲油的脚指头会显得特别注目，尤其是擦上美美的颜色总会让心情更加飞扬!这次要介绍的鞋款是撞色系，我觉得近几年还蛮流行这种款式的。

不过我还是建议选择可以多重搭配的颜色为主，选了米色×绿色此种比较保守的颜色入手，穿起来就很顺眼!连我的另一半看到都直接跟我说："这个颜色好"可见这双鞋的接受度有多高了!

KEY POINT

蕾丝蓬蓬袖上衣与小碎花蓝裙，这种约会搭配是我每次跟男友出门游玩时的必胜着装，此刻鞋子就很重要啰!多显露身上的肌肤是"必杀技"，露出美丽的脚指头也会很加分的。重点是鞋跟也不会太高，除了可以拉高比例，也不会在约会时绊脚而不小心跌倒啦!

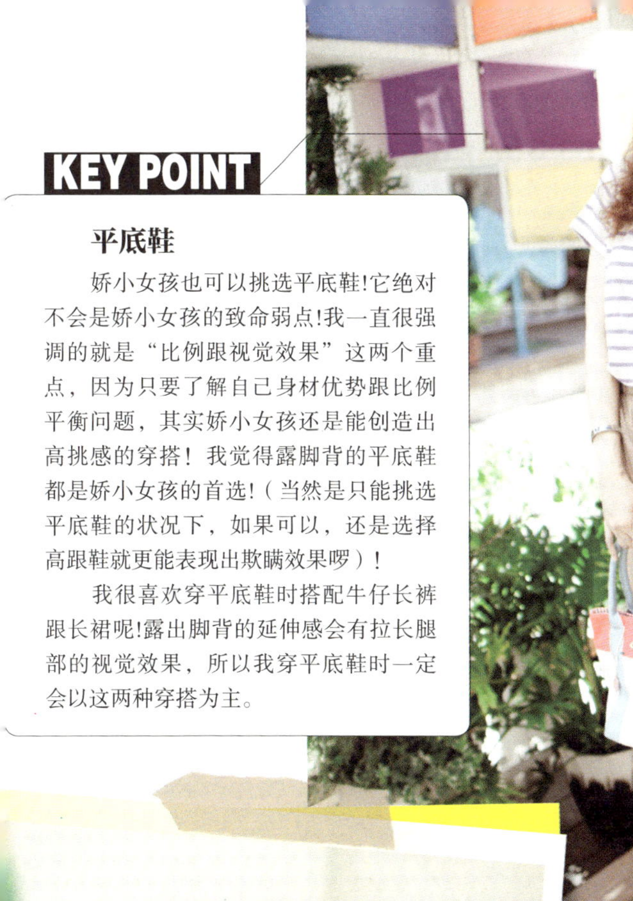

KEY POINT

平底鞋

娇小女孩也可以挑选平底鞋!它绝对不会是娇小女孩的致命弱点!我一直很强调的就是“比例跟视觉效果”这两个重点，因为只要了解自己身材优势跟比例平衡问题，其实娇小女孩还是能创造出高挑感的穿搭！我觉得露脚背的平底鞋都是娇小女孩的首选!（当然是只能挑选平底鞋的状况下，如果可以，还是选择高跟鞋就更能表现出欺瞒效果啰）！

我很喜欢穿平底鞋时搭配牛仔长裤跟长裙呢!露出脚背的延伸感会有拉长腿部的视觉效果，所以我穿平底鞋时一定会以这两种穿搭为主。

KEY POINT

如果很在意自己下半身肉肉的娇小女孩，就要选择长裙搭配平底鞋，可遮住肉肉的双腿部分。而平底鞋也算是乖巧邻家女孩的必备单品!逛街时少不了的好物。我觉得娇小女孩可以不用排斥平底鞋，只要拿捏好比例问题，长裙也是可以让你的身高看起来意外地变高!

TIP

记得长裙腰线部分要稍微往上拉，这就是高腰穿搭法!会让长裙盖住双腿的部分看起来格外的修长。

KEY POINT

小低跟高跟鞋×短袜

如果想要穿搭高跟鞋又不知道从哪种款式挑起的娇小女孩，我推荐你选择稍微有点跟的高跟鞋来搭配穿搭是最棒的!顺便训练自己穿高跟鞋走路的步态。

不过，前面跟大家介绍到我习惯用平底鞋搭配牛仔裤和长裙，而稍微有点跟的高跟鞋则是搭配短袜，日系街头女孩穿搭也是这样哟!穿起来真的好可爱，所以我也莫名地搜集了一堆小短袜。

TIP

太高的高跟鞋加上短袜就穿不出气势了。反而是小低跟高跟鞋搭配短袜能让脚踝部分不会这么空，修饰了尴尬区域!穿上轻飘飘的伞状连衣裙就感觉小短袜跟它相处好融洽，粉嫩的小低跟鞋款则是好穿又好走，让我顾及身高比例又能方便地行走逛街!

包包/东京企划 Saime in Tokyo

KEY POINT

坡跟鞋

我相信还是有娇小女孩不太会穿高跟鞋，也认为自己可能这辈子与高跟鞋无缘了。

那就可以选择坡跟、厚底鞋款来做搭配！所以我最后要介绍的就是这两种鞋型。第一双牛津坡跟鞋也是我书籍里很常登场的经典角色之一，我实在是太爱它了！正面看起来与一般的牛津鞋无异，但它的高度跟防水台都非常优秀！

所以它轻而易举荣登我的爱鞋的前三名，不过我喜欢的鞋款大都是好搭配及不易出错的类型，这样才能配合我爱多变的穿搭风格！

因为我很爱复古风格衣着，就会搭配这双牛津坡跟鞋，穿起来很可爱又好走，即使穿着逛街也不会觉得脚痛，重点是它的高度也足够，让我的身高瞬间升高。牛津鞋就算搭配中性风格穿搭也不会显怪，它是搭配女孩风格或中性裤装都适合的一件单品！特别推荐大家选牛津高跟鞋或者牛津坡跟鞋，都是不错的选择！

KEY POINT

厚底鞋

因为前面介绍的鞋款都挺保守的!现在我马上来介绍亮色系的厚底鞋。

厚底鞋更棒的是稳定度比坡跟鞋更好，所以连厚底鞋也穿不惯的娇小女孩真的只能穿平底鞋啦!

我在前面玛莉珍鞋的篇章提到过系带的高跟鞋会让我显得性感!所以我的爱鞋款里当然几乎都是这种款式为多。

KEY POINT

这双湖蓝色厚底鞋就非常实穿，穿上连体裤再加上这双鞋将整体穿搭都跳脱出来，整个人就会亮眼起来啰！像这种亮色系的鞋款，就可以搭配素雅的T恤和牛仔裤，很轻易就可以让个人穿搭风格变得更抢眼，所以这也是我很偏爱买亮色单品的原因。在一些必要的时候，简单穿着就可以凸显鞋款的特别！

这双鞋的鞋头比较尖，所以感觉脚背好像往前延伸一样，我穿它时会感觉腿看起来比较显瘦长！鞋子一些细小的设计其实都会影响看起来的比例，所以不是高跟鞋才能穿出美丽的线条，把握几个小重点和秘诀，也可以达到修长的视觉效果！

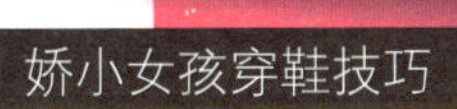

1. 除了高跟鞋以外，坡跟鞋和厚底鞋也是娇小女孩的好朋友。

2. 平底鞋适合娇小女孩最棒的款式就是露出脚背跟鞋头尽量尖，双腿才会有延伸拉长的感觉！

3. 要高不高、要低不低的鞋款好尴尬！让短袜来填补空出的肌肤，填补一些比例份量吧！

PART 04 豹纹系列 × (?)

一般人对于豹纹的印象都是比较狂野、成熟的感觉，所以迟迟不敢尝试。近年来动物纹崛起，除款式多样外也不断推陈出新，还没跟上潮流的女孩们快冲吧!但无法否认的就是豹纹一直都是经典款，每年都会流行。

其实搭配豹纹款式的衣服需要一点小巧思，要看自己如何搭配，来平衡豹纹独特的霸气的抢眼感!其实，豹纹也可以穿得很可爱、很优雅。

首先挑选豹纹款式的花纹很重要，我个人偏爱的豹纹款是小斑点设计。小斑点穿起来的霸气性就不会感觉那么强，用于小单品配件搭配上就不会让人感觉难以亲近，而较大的豹纹斑点就似乎难以驾驭，想要尝试豹纹单品的女孩倒是可以先从配件类下手。

包包/东京企划 Saime in Tokyo

包包/东京企划 Saime in Tokyo
单色单品
×
豹纹

TIP

豹纹是每个女孩开始学习穿搭时都会接触到的穿搭元素。

KEY POINT

豹纹伞状上衣

像这件豹纹伞状上衣，我为了让整体穿搭协调，搭配了牛仔背心！这样豹纹强势风格感就会削弱许多，整个人的穿搭色彩也会和谐一些。因为单穿这样的豹纹上衣会让人感觉难以亲近，而产生距离感！这件上衣是我介绍豹纹单品中豹纹斑点较大的，大家可以跟下面两套做比较，是不是这件的感觉较狂野？所以我就用一些比较单色的外套跟裤装来做搭配。豹纹其实不适合跟太复杂的颜色搭配。

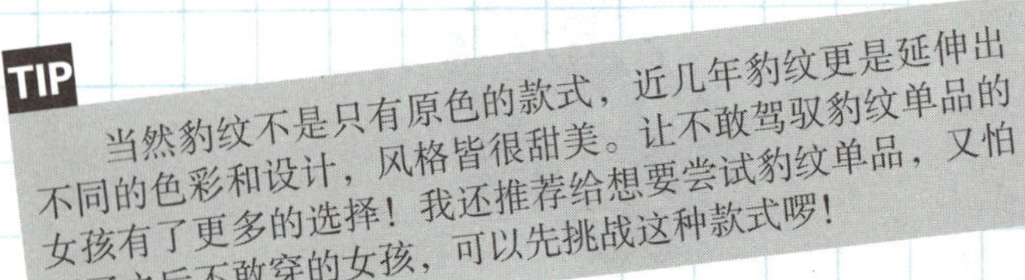

TIP

当然豹纹不是只有原色的款式，近几年豹纹更是延伸出不同的色彩和设计，风格皆很甜美。让不敢驾驭豹纹单品的女孩有了更多的选择！我还推荐给想要尝试豹纹单品，又怕买了之后不敢穿的女孩，可以先挑战这种款式啰！

KEY POINT

粉红豹纹

粉红豹纹长版伞状上衣直接单穿它，再内搭一条小热裤就很性感!或者直接打个结露出热裤也可以，两种穿搭会展现不同的风情。重点是颜色看起来更加可爱，不会让人感觉难以接近，打破了平常人对豹纹狂野强势的刻板印象！

照片中背的包包/东京企划 Saime in Tokyo

KEY POINT

豹纹短裤

像这套豹纹短裤的斑点就不会太大，远看不会明显！其实它上头还有整颗豹头的设计，但不会像第一套那么强势。

不过，喜欢凸显个人穿搭特色的女孩就千万不能错过豹纹这项单品，它就可以配合出自己想要展现的穿搭风格来创造独特感。

TIP

豹纹本身就是主角，不要让其他单品抢了属于它的风头喔！

搭配豹纹款式时不要用太复杂的颜色，那反而会破坏豹纹原本的特质！我喜爱用简单的原色来衬托它，像白色、黑色都是很不错的搭配选择。

谁说这些衣服无法穿

打破娇小女孩禁忌穿搭迷思

Mix & Match

这篇要来介绍的是娇小女孩最害怕系列之一——长裙！

不过我在写网络日志的过程中，有很多女孩说我穿长裙比例看起来很高呢！为什么呢？这是有原因的。重点就在于我挑选的长裙款式以及穿搭法。

1. 长裙的裙长

2. 穿搭长裙的方式

本来娇小女孩都会对于这种长裙款式感到害怕，不过，在此我要示范如何穿出属于娇小女孩自我的长裙穿搭风格！首先，长裙一定要遮住小腿，尽量不要露太多小腿出来!为什么女孩会畏惧穿长裙，觉得会显矮呢?答案是比例没有调整好。

KEY POINT

一般娇小女孩绝对要懂得穿裙子的原则，短裙则是越能露出大腿的比例越好，而长裙呢?则是可以遮住腿部越佳。

想想看，如果娇小女孩的长裙长度只到达小腿中间，看起来会变成怎样?身体绝对会被分成三截（上半身、长裙长度、小腿肌肤）。

KEY POINT

长裙穿着适合的长度是要遮住小腿，就算露出一些脚踝也没有关系！这样才可以遮住腿，让整体的比例借着长裙显现拉长效果，制造出长腿比例的视觉。

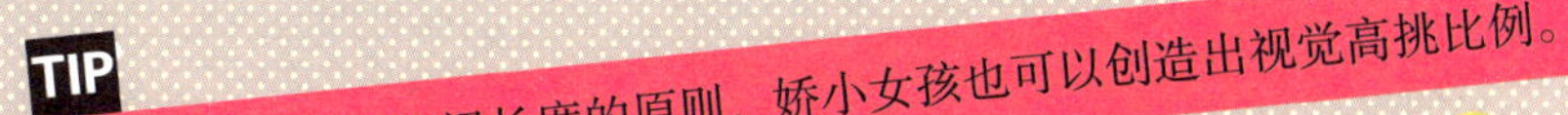

KEY POINT

长裙的全长厘米数也很重要，娇小女孩千万不要凭感觉买东西，请一定要试穿。

接着要知道自己大致可以穿多少厘米的长裙，才不会让整体比例变得很奇怪更强调出自己的娇小。

KEY POINT

另外说明一下长裙的穿搭方式，其实我自己很爱穿长裙，遮住胖胖腿外也能让整体比例有提高的效果。

长裙要怎么穿才适合呢？我穿长裙时几乎都会把上半身的下摆扎进裙内，创造出高腰曲线，让人感觉"哇！腿很长！"

TIP

如果硬是把衣服下摆拉出来，绝对会让腿的比例再缩短一大截！这一截对娇小女孩的影响是非常大的！将衣服下摆扎进裙子内也能凸显腰部曲线，使比例更好!让我深感穿长裙也是一个很棒的欺瞒法呢！

KEY POINT

娇小女孩不要畏惧穿长裙，有时候反而会有令人意想不到的结果。

很多女孩跟我反映，因为身高的关系担心看起来显矮就不想穿长裙，不过人们看到我穿起来的效果，反应都是挺不错的。其实只要把比例把握好，看起来人就会显高喔！

还有长裙的颜色尽量以柔和色系为主，因为下半身如果穿深色长裙反而会给人很沉重的印象。所以娇小女孩的比例就会被下半身拉走。看起来自然就会显矮，所以颜色也是很重要的！

TIP

长裙穿搭方式、颜色、厘米数一次搞定就会拥有好比例！

打破娇小女孩禁忌穿搭迷思——拖地长裙

PART 05 拖地长裙

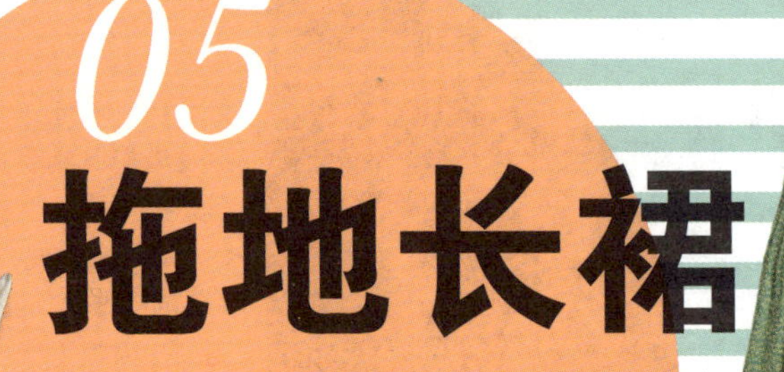

× (?)

拖地长裙对于一些娇小女孩来说，应该是完全不想要尝试的单品，对我自己来说，却是对连衣裙有着莫名的喜爱！

因为它可以修饰胖胖有肉的下半身，只要比例调整好，看起来的视觉效果和高挑感是很足够的，甚至不会让人意识到你的身高很迷你。在选择拖地长裙的长度与长裙那个章节提到的相同，可以稍微遮住小腿，露出脚踝以上5厘米以内的距离，都是可以修饰腿长的小妙招！

KEY POINT

抹胸式拖地长裙

可以穿抹胸式的拖地长裙来转移视觉焦点，露出锁骨让人不觉得难以亲近，反到会让比例刚刚好!

另外长度方面要确定是不是适合自己的身高，如果觉得穿起来有点沉重，就可以搭配一双比较清爽色系的高跟鞋，让整体看起来轻盈许多。

吊带拖地长裙

浅色系的拖地长裙也是不挑身材可以大胆尝试的。如果拖地长裙颜色太深或是长度过长，都会让娇小女孩身高看起来更矮。而穿上浅色系反而看起来不会那么沉重！这件吊带拖地长裙长度修改过，如果大家在挑选连衣裙时发现长度不适合，也是可以考虑修改一点点长度，穿着起来就会大加分喔!

KEY POINT

宽松版拖地长裙

长裙的部分我觉得腰身曲线比例很重要，如果穿到比较宽松的拖地长裙该怎么办?

可以套上一件衬衫，在腰部稍微打个结就能强调出你的腰线，这样一来就会感觉身高没有这么娇小，或者加上皮带和装饰性宽腰带都是不错的方法!

TIP

前面我强调短裤一定要够短，露出腿部线条才会显高。同理，短款连衣裙也是越要露出双腿越会创造出好比例。而拖地长裙则是要盖住小腿才能有高挑的视觉效果喔!

打破娇小女孩禁忌穿搭迷思——长版上衣

PART 05 长版上衣

× (?)

我想每个女孩打开衣橱几乎都会有一两件长版上衣吧!我也不例外，长版上衣是可以衬托女孩子可爱的一项单品!但对于娇小女孩来说，长版上衣也算是一项禁忌单品!曾经在上网时看到网店少女穿着可爱的棒球长版上衣对我说:“买它吧!”一时冲动之下就把它买回家，结果……看到实品后真的欲哭无泪啊! 因为它整个长度超过我的膝盖，盖到了小腿肚，原本身高已经不高了，现在看起来简直更是矮了一截，它的下场就是马上被我雪藏放到衣柜的最下层。

KEY POINT

长版上衣×内搭裤

今天要来跟大家分享我自己挑选长版上衣与其搭配的秘诀!

首先长版上衣的长度跟肩宽很重要，由我的试穿经验来讲，最佳的长度是从遮臀部到大腿一半的长度最佳，最能呈现出自己的腿长。

因为娇小女孩要创造高挑视觉不外乎就是露出双腿!

KEY POINT

虽然我的身高才150厘米，但一般的长版上衣穿起来感觉累赘，同时也因为腿被遮住了一大半，整个人的重心都会往下拉!所以我在前面的章节也介绍过，娇小女孩更该斤斤计较衣服的厘米数，像这套长版上衣搭配了内搭裤，然后上衣部分选择遮到臀部下一点点，让合身的黑色内搭裤来修饰腿部线条。如果对于腿部线条比较没有信心的娇小女孩，也可以选择合身一点的内搭裤!这样是不是瞬间觉得腿长了不少呢?而且好像整个人都变高了!

长版上衣/网店 MIHARA

KEY POINT

长版上衣×牛仔裤

我也会用长版上衣搭配合身的牛仔裤，看起来就很休闲自在!再搭配一双圆头平底的牛津鞋就会让脚尖看起来更有延伸感!

我是个很爱露脚背或脚踝的人，不知道为什么我觉得穿一般平底娃娃鞋更胜于运动鞋（会遮住脚踝的那种运动鞋），而尖头牛津鞋或者露脚背娃娃鞋的拉高效果就会很显著!如果要穿遮住脚踝的鞋款我就会偷塞增高垫了，这样比例穿起来才漂亮!

TIP 鞋子的款式也会影响穿搭比例

牛津鞋
延伸脚背

KEY POINT

所以我喜爱穿长版上衣搭配合身的裤子，然后穿上平底鞋或者高跟鞋。平底鞋就是我前面提到的款式，大家有机会也可以试试看!

露出脚踝和脚背的视觉感也会让身高重心不会往下拉，反而有延伸感。

长版上衣/网店 MIHARA

KEY POINT

长版背心

我也喜欢挑选背心式的长版上衣，露出肩膀和锁骨就会让人目光转移!

穿上合身的黑色卡其裤并将裤管随性挽起来，露出脚踝，这样就可以让娇小女孩轻易拥有好比例!挽裤管也是件重要的课题，有些不太长的裤款直接修改长度很可惜，倒不如随性地挽起，也能创造出独特的个人风格呢!

注意！注意!

大家有没有发现我介绍的长版上衣都不是那种宽松型的吗？因为宽松型不太适合娇小女孩，宽松长版上衣可能会出现以下这几种情况：

1. 没有腰线，看起来不知道腰在哪儿！会显矮。
2. 肩宽不合适，一看就感觉像小孩穿大人衣服一般。
3. 修饰感不佳，反而暴露出自己的缺点。

KEY POINT

长版上衣×蕾丝短裤

如果娇小女孩们不想搭配长裤呢？除了一般的合身小热裤外，我推荐这种小蕾丝短裤！我自己会选择外穿或搭里面，露出蕾丝下摆会显现出小女人的气质，就不会让人感觉长版上衣大都较休闲或者中性。当然还有最重要的一点就是它能让我们露出双腿，这样的比例也会拉高许多!如果长版上衣刚好介于只遮到臀部的尴尬位置，也可以用这种蕾丝短裤来做穿搭。

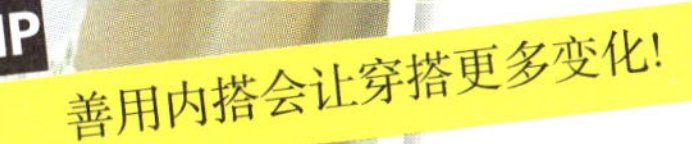

TIP 善用内搭会让穿搭更多变化!

TIP

当然还要注意衣服剪裁跟材质是否硬挺!不过一般来讲，我都会尽量避开太过宽松的长版上衣！就算穿宽松型长版上衣的话，也要加上皮带或者绳子绑带，再来就是用有修饰腰线的外套来遮掩!

娇小女孩并不是不能穿风衣、长版大衣这类型的衣服，只是要比别人更用心去搜寻和比较!尤其现在流行韩版服饰，会有较小、较合身的版型，多花点心思就可以找到美美的大衣款！首先我要跟大家介绍挑选这种大衣款式有哪几点要注意：

1. 肩宽符合吗?
2. 长度大约到身体哪里?
3. 有收腰设计吗?

注意以上几点就可以帮助你找到适合的大衣款式！照片上的我看起来似乎很高，就是因为我挑选了合身的风衣而解决了这个问题!

包包/东京企划 Saime in Tokyo

TIP
娇小女孩挑选风衣可以选择浅色系，让整体色调看起来更轻盈，才不会给人沉重感觉。
KEY POINT
首先这件我挑选的风衣，穿起来长度就已经很适合我的身高了（差不多在大腿一半以上）！它的下摆稍微往里收拢对于比例上也很加分，肩宽也很刚好，穿起来自然就不会显得沉重。
内里搭配多层次的感觉来配合风衣穿搭，里头的牛仔衬衫连衣裙有收腰设计就让视觉往上拉提不少！感觉双腿变得很修长，再配上一双高跟鞋就超完美啰！

风衣下摆
内缩!
比例加分!

KEY POINT

像这件风衣就比较宽松一些，不过不要紧，因为它的肩宽还算是合乎我的身材！可以用风衣上的腰带系于背后，就会让风衣变得更随性，让曲线更明显！这样就不担心宽松的风衣穿起来很MAN，被自己雪藏在衣柜啰。

TIP

鞋子部分搭配了牛津楔型鞋让双腿的线条衬托出来，还有，连衣裙的长度绝对不超过风衣全长！因为这样就会让整个人的比例变得往下拉，反而会让个头娇小的女孩看起来更显矮。所以要注意穿长版风衣时，要更加留意穿在里头的短裙、连衣裙、短裤的长度不要超过风衣，如果是牛仔长裤的话就不用担心这个问题，只要注意上身的衣服长度不会过长就行啰！

连衣裙、风衣/网店 MIHARA

KEY POINT

再来是不同材质的双排扣风衣外套，我自己很喜欢左图这件!因为材质硬挺加上有腰带设计，穿起来很有时尚感!而且衣长跟肩宽都很适合我，再有就是它略为宽松可以让我在冬天穿些厚的衣服在里面，更加保暖，配上长靴就修饰了小腿线条，让整个腿部看起来更加修长。上半身里我加了件迷你小短裙，就让腿部肌肤整个显露出来!制造出人很高挑的假象，而另外配上长靴是因为这件双排扣风衣在视觉上有比较厚重的感觉，所以搭配一般的高跟鞋会给人头重脚轻的视觉感，所以下半身，我搭配了色深的长筒靴来平衡穿搭的视觉比例!

TIP

风衣全长掌控好就能平衡全身穿搭，让风衣再也不是娇小女孩的“地雷”呦!

娇小女孩的最爱

All About Favorite & Lifestyle

PART 06 娇小女孩的每日美容保养

我很注重基础的保养，在保养部分最在意的就是保湿!女孩真的不能缺少水分，否则肌肤就会变得干巴巴的不好看。我注重身体及脸部的保湿，还有体内的水分补充!适当的多喝水，对身体健康有帮助且皮肤也会变得漂亮。

近期爱用的保养品就是以上这些产品，之前我曾经在博客中发表过一篇《抗痘史》的日志，有长达一年多的时间我总为脸上的痘痘所苦恼!那时额头长满小粉刺和发炎痘痘，好了之后又不停地复发，真的是苦不堪言！我想应该跟那阵子的生活作息和环境、压力相关，最后还发现因为长期下来都使用太过滋润的保养品，不断更换不同产品，才让皮肤的负担太大，冒出了许多粉刺、痘痘!最后我换用了比较清爽型的保湿产品、控油产品就让皮肤稳定了许多。还有长痘痘期间简化了繁琐的保养步骤，皮肤发炎时甚至只用清水洗去脸上的脏污，轻拍一点点化妆水，抹一点乳液就完成了保养手续！随着季节变更保养品，保养步骤也变简单，因此改善了皮肤的状况。

TIP

还有清洁部分也很重要，我喜欢洗完脸部洁净、不油腻、不紧绷的感觉!所以卸妆产品和洗面奶都是我特别挑选过的。中间的沐浴乳是我喜欢的巧克力味道，所以洗澡时都会觉得心情特别愉悦！

保养当然连头发都要顾及到，像免冲洗的开架护发产品是我最喜爱的!已经购买许多次了，每次擦完都会觉得头发闪闪发亮，且因为便宜，就算大量使用也不会觉得心疼！

而底妆产品近期最爱的是BB霜和妆前必用的保湿水凝胶!这两项产品都会让我的底妆美丽、透亮、又自然!最近的光泽肌肤妆感都是使用这两罐打造出来的，因其保湿好推的特性，让底妆也不易脱妆！

像我眼睛周围易干燥、有细纹，上妆后就更加明显，但只要保湿打底做得好，这样的情况就减少了唷！

除了脸部肌肤保养之外，身体乳液也是千万不能少!我喜欢挑选身体的重点是除乳液的功效外，我还特别注重它的味道，这样擦起来香香的就会让心情变得很好。我会挑选美白和保湿不同功效的乳液，针对身体区域需求不同来做保养!

像膝盖容易晒黑感觉脏脏的，除了需要定期去角质外、还要涂抹上美白乳液，这样拍照或者穿短裙才不会效果大打折扣！而保湿乳液就会加强在身体比较干躁的部分，例如小腿、脚掌、脚跟这些地方。

TIP

还有娇小女孩最该注意的就是腿部的赘肉塑形，我会配合乳液加上按摩手法来让腿看起来更美!揉捏按压有赘肉的部位，长期不偷懒做下来也会有效果的。还会定时睡前拉拉筋或洗澡淋浴时做些伸展操，都会让肢体曲线更好看呦！穿起短裤、短裙也能让腿部线条为自己加分，看起来修长高挑也会让身材比例变美。

我觉得香水是女孩们不能少的必备品！出门前小喷一下不但提升了好感度，还能让自已心情变好，特别场合就更适合喷些香水，这也是种礼仪。我特别偏爱甜的果香，闻起来有淡淡的花香味也很吸引我。建议大家挑味道较清爽的香水，因为太过浓烈的香水味充斥在电梯里会让人觉得刺鼻，我可不乐意踏入这样的密闭空间。

所以香水的喷洒度要刚刚好，可是有技巧的！正确方法是，应轻喷在体温高的部位，散香效果比较好，如耳后、颈、手腕、手肘等动脉处，这样会使香气随着人的脉搏和体温持续散发。另一个方法就是往空中轻轻喷洒香水然后身体再穿越过去，让香水自然地落在身体各部位，这样都不会让香水过量，一点点就会很香！因为一般来讲个人是闻不到自己身上的香味的，如果又刚好擦了含有香料的化妆品可能就会让味道变得太复杂，这里要注意一下喔！

PART 06 时髦又质感的配件世界

说到穿搭，除了包包、鞋子配件类之外，绝对少不了的就是饰品！这阵子我变成很爱搜集饰品，而且不同类型的饰品都喜欢搭配看看，毕竟饰品跟衣服是一样的，没有搭配在身上就完全不晓得它究竟适不适合自己！

像最近就很爱那种大到非常显眼的项链，只要简单穿着再搭配大项链，注目度马上提升100%，搭配性十足又能按照穿搭及心情不同佩戴，项链是绝对可以疯狂投资的一项单品呀！

如果简单穿搭素雅颜色的服装，就可以搭配一条亮眼的项链!整个人就会看起来抢眼许多！这种大型饰品很华丽，选择荧光色的就很适合缤纷的夏天。记得选择比较低领口的上衣才能把项链的特色展现出来唷!

KEY POINT

如果一开始想要戴大饰品又有点害羞的话，可以选水钻款式!我觉得水钻应该是大家基本都可以接受的类型。这条水钻项链我都会佩戴在穿衬衫或者圆领时，露出锁骨和项链。展现小性感!

KEY POINT

长项链也是必备的款式之一，例如穿搭休闲或者比较中性时的风格。我习惯用长项链来表现出随性的感觉，穿长版上衣时也很适合佩戴！

KEY POINT

小条的银项链搭配衣服或裙装都很适合，所以项链是最棒的选择！

女孩子佩戴这类型的项链会让人觉得很有气质！不管什么类型的项链，都有它独特可以搭配的穿搭风格，甚至一个小配件的不同就会影响整体穿搭风格！我很注重配饰类的搭配，搭配适宜就会让整套穿搭的风格和味道更加明显！所以饰品配件类在穿搭上是很重要的。

KEY POINT

如果前面介绍的华丽款觉得太过显眼，会让人比较害羞一点!而中性款好像又太休闲，搭配原本的穿着有些突兀的感觉，就可以选择比较内敛且秀气的项链款式！像下面这条也是有水钻的，不过它做得比较小颗！戴起来远看不会太过华丽，近看真的很美，微微闪透出光芒，很适合约会时佩戴。（笑）

连衣裙/网店 MIHARA

KEY POINT

这条金链子上面也是有爪钻，戴起来偏秀气!很适合各种穿搭风格，就像是我穿着个性风格或者像图中有点OL风格的穿搭，戴上它也不会觉得很奇怪!怎么搭配都好看，这种大项链基本款就不容易出错！加上款式较小巧，不会给人太过个性的感觉，所以搭配的穿搭也不会受限!

PART 06 娇小女孩的饮食与生活

生活中，我很喜欢品尝美食，见识各种不同的料理，喜欢在咖啡店度过一个悠闲的下午！享受惬意不受拘束的生活，做些自己喜欢的事情让大脑暂时清空是件很快乐的事。在忙碌中，还是要抽出时间与自己相处，细细品尝每个微小的美好事物，让心情沉淀放松一下！

一般下午茶的轻食料理是我最爱的！台中的下午茶店非常有特色!餐点很不错又好吃，而且店内装潢都非常有独特风格，搜刮台中各地的下午茶美食已经变成我近期的目标之一，每次吃到好吃的美食总不忘记要发博文，分享给大家呢！

所以在享受美食时总不忘记要用相机记录下来!这样才可以用照片加文字描述跟大家分享我的生活以及喜爱的美食，推荐给也喜欢享受美食的人们!

讲完食物的部分，就来介绍一下平日的生活吧!我是个手机狂，我的生活跟手机，还有Facebook息息相关，喜欢分享一些生活爱美信息给大家!所以说有点强迫症也不为过（笑），就是因为手机对我来讲这么重要，所以一定要准备一个可爱的袋子来装饰它！看得出来我连享受美食的当下都很忙碌。

最近的兴趣就是逛乡村风小物件的商店，我对这些生活杂货相当热爱！而且也时常思考自己之后的居家布置装潢要怎样摆设，每次看到这种风格马上就会陷入疯狂状态，一不小心就心动掏钱买下许多乡村风装饰品。

另外我也很爱逛书店，每次都可以在书店待上一整天的时间！不管是什么类型的书籍我都很喜欢，近期喜欢翻阅的就是摄影或者居家装潢的书，看完就觉得自己学到了不少，也得到了许多心得。

在生活方面我很重视保养身体跟美容相关的事物，随身一定会携带维生素C和胶原蛋白放在包包内，每天都会记得要口服补充!对于爱美的女性几乎是不可缺少和忘记的。

我也很注重美体美容，能尽量不喝饮料就不会特意去买！我会选择喝常温的饮品，因为喝冰的饮料真的对女生身体不是很好。还有平时会补充一些莓果类的保养饮品，提升好气色！最近在尝试喝人参饮品，这是爸爸特地买给我的爱心补品呢！

PART 06 娇小女孩最爱的门店与网店

先介绍门店购物好场所!我因为个子娇小的关系，不太会过度依赖网店!毕竟有些衣服是要穿在身上才知道是否合适，不然就有可能多花钱走冤枉路了。所以我会店家跟网店多比较，毕竟合身的衣物和经典的单品才能穿回本嘛!

我常去的地方就是台中益民商圈了！因为里头还蛮多韩货日系小店可以淘宝，而且每间店的特色分明，大约瞄过一眼就知道有哪些店是我的菜，常常在这边逛到欲罢不能!

店家信息

网店: 东京企划 S'aime in Tokyo
http://tw.user.bid.yahoo.com/tw/booth/Y9709978988
店家地址:台中市北区一中街138-15号1楼（益民商圈内）

况且店家可以试穿和比较价钱，如果试穿过后觉得尺寸OK就会马上买下去!但价钱不是很满意时，我会多绕几间店寻找类似单品，不然就回家搜寻网店关键词!这样就可以买到合身的size及开心的价格（虽然花费的时间比较多，但省下那几块钱就很有成就感）！

来到益民商圈我特爱逛S'aime包包店，他家的包包我真的很喜欢。虽然现在韩货的包款盛行，不过也很容易被商人哄抬价格（气）。他家的包包很平价且款式有很多种！每次来逛街都会特别绕进来看。

虽然他家有网店，但我偏爱逛门店，可以看到更多不同的包款现货，一次就能马上买回家。

台中还有不能错过的就是逢甲商圈了!逢甲小巷内也有很多不错的小店，我每次都逛到脚酸还是逛不完!其实逢甲的店家比一中街还要多上许多，如果想要在台中找到更多不同类型的店家就可以来逢甲商圈血拼!还有必须要穿平底鞋来逛街，否则穿高跟鞋会逛到抽筋啊!

而且逢甲的地界非常广泛，几乎许多店家都分布在商圈周遭，所以根本不用担心一下子就走完了！什么类型的穿搭风格都有，之前来逢甲逛街就不小心撒了太多钱出去，根本就是“害人不浅”的购物天堂呀!（跺脚）

再来，介绍网店购物好店家！因为我个子娇小的关系，有些衣服是要穿在身上才知道是否合适，不然就有可能要多花钱走冤枉路了（泪），所以我会店家跟网店多比较，毕竟合身的衣物跟不退流行的单品才穿回本嘛!

我偏爱买韩货，是因为它们的版型都比较小且合身，很符合我的穿搭理念，衣服就是要穿适合自己身型才能穿出属于自己的味道唷!也会多次地比对自己的身材，或者拿出自己的衣服比较与网店给的商品信息来做确认!这件衣服是否适合自己呢?今天就要跟大家分享我会偷偷逛跟购买的网店吧!

MIHARA

MIHARA就是我常逛的网店，时常期待他们的新品上架。MIHARA的单品偏向甜美浪漫风格，我常常被诱惑得莫名快速下单！他们家的单品很有质感，价格也是韩货里头比较公道的。每次想要买连衣裙，一定会上MIHARA逛逛！在我这本书中的穿搭里就有很多是他们家的单品哟！这家店属于轻柔甜美女孩不造作的自然风格，每次购买都会让我很满意！

PUREE

这家网店也是属于韩货风格，但我觉得它偏华丽成熟风!适合喜欢走熟女系穿搭的女孩，你们一定可以在这里淘到宝。例如，最近我特别偏爱华丽风格，就特别喜欢来这间网店逛，想要出席一些正式场合挑选气质款的衣服，在这里都找得到喔!

CINDERELLA

这家店我买过很多次！他家也是走韩货路线，每次收到他们家的包裹就像在拆礼物一样，每样东西都包装得很仔细，而且质感也让我非常满意！可以简单穿出邻家女孩清新风格，另有许多剪裁利落的款式也蛮适合OL上班穿搭的首选喔！

STAR MIMI

这家店的风格偏向比较休闲简约，简易的上衣就能搭配出多层次的穿着！每次都会不小心在这掏钱，卖场的整体搭配风格非常吸引人。擅用百搭的元素就能穿出属于自己独特的魅力!可利用多层次的特性让每件单品展现不同的变化，每次逛卖场总觉得可以看到许多不同的穿搭技巧呢!

VII

这家网店是走个性路线，独立特色非常鲜明!里头有许多单品设计都很抢眼，亮色系的风格让人不注意你也难！价格并不会非常昂贵。不过这是我比较少接触的穿搭风格，强烈的欧美范儿一次就会过目不忘！想要帅气的穿搭吗？来这家逛就对了!

Imagine girl.

这家网店的风格也是偏向甜美，单品选择种类多!而且价格不会太贵，是我爱逛的店家，很适合娇小女孩来购买，常常一逛进去就深陷其中！此店家的服饰多以雪纺类为主，穿起来比较轻柔感，而且裤子、裙类的选择也不少，是喜欢凉爽柔美系的女孩一个好的选择。

SENSE SHOP

喜欢这家网店是因为它的风格不会过于甜美，也不会完全定位于中性

帅气的路线，介于两者中间!它可以穿出个人的独特感，但不会觉得太过强势或者让人有无法接近的感觉，半糖微甜感又多了一点率性。价格也是走平易近人路线的!

日系丁丁

因为腰围的关系所以常常买不到适合自己版型的裤子，这间是我最常逛的网店！每次看到一张张惹火的照片，总会幻想自己穿起来的样子！他家的裤子蛮适合娇小女孩做挑选，毕竟韩版的裤子偏向紧身，穿起来也会显瘦许多，臀部穿起来也较合身!这样才能把一条裤子穿得高挑好看!

BLINK

这家网店的风格是偏清新学院范儿，单品都是走休闲风、韩系风格！虽然商品没有很多，但价格很平易近人，卖场都是百搭的基本款，相当实穿！而且上衣、裤子、包包、饰品非常齐全，可是很抢手喔!他们家的东西真的很烧钱，每次都让我甘心下单等待！

终于完成了这本书。本以为自己做不到的事情，最后还是顺利地完成了。

非常谢谢为了这本书一起努力的奈特，即使在面对许多无法克服的难关时，还是给予我许多信心，并且无怨无悔地帮忙与陪伴，从一开始毫无头绪没有方向，到顺利出版这本书，都让我非常感动！

谢谢我的家人，支持我、鼓励我，都是我很大的正面力量来源。

还有每个我在需要帮忙时伸出援手的人们！也谢谢出版社给予我一个这样的机会，经营多时的博客终给自己一个交代，努力完成这项人生的里程碑！

感谢因此注意到奈栒NEGO，或是原本就认识奈栒的你们，喜欢我的图文也喜欢我的博客。因为有这样的大家，谢谢你们的支持，才有这样的我、现在的我。

也正是如此，我才能继续勇敢挥霍青春和热血不断地敲打键盘。不停下脚步地写下去，将人生的缤纷精彩化为文字、图片。

谢谢此时正在阅读文字的你，也因为这本书让我们有了另一个层面的交流，希望大家都能够从这本书中获得穿搭小秘诀与乐趣，再次衷心说声谢谢！

我爱你们！

奈栒Nego

版权贸易合同登记号　图字：01-2013-1788

图书在版编目（CIP）数据

混搭：穿出身材好比例的搭配魔法 / 奈枸著；奈特摄. —北京：电子工业出版社，2013.3
ISBN 978-7-121-19784-0

Ⅰ. ①混…　Ⅱ. ①奈…②奈…　Ⅲ. ①女性－服饰美学－通俗读物　Ⅳ. ①TS976.4-49

中国版本图书馆CIP数据核字（2013）第045891号

策划编辑：鄂卫华
责任编辑：鄂卫华
印　　刷：中国电影出版社印刷厂
装　　订：中国电影出版社印刷厂
出版发行：电子工业出版社
　　　　　北京市海淀区万寿路173信箱　　邮编：100036
开　　本：880×1230　1/32　印张：5　字数：147千字
印　　次：2014年4月第2次印刷
定　　价：28.00元